科普图鉴系列

地球

赵冬瑶　韩雨江　李宏蕾◎主编

吉林科学技术出版社

目　录

神奇的地球
Shenqi De Diqiu

地球的诞生

地球是太阳系八大行星之一，按照距离太阳由近及远的顺序排在第三位，它距离太阳约1.5亿千米。地球是名副其实的"老寿星"，大约在46亿年前，它就已经诞生了。地球是在太阳诞生之后诞生的，它起源于原始太阳星云，刚诞生的地球与现在的地球模样大不相同。地球就像一个不知疲倦的大陀螺，沿着自转轴自西向东不停地旋转着，它自转一圈的时间大约是24小时，为一天。同时它还要围绕着太阳公转，公转一圈的时间大约是365天，为一年。

现在的地球

地球的演化过程是漫长而神奇的。最初，它是由岩石的碎片聚合而成的，现在，它是孕育生命的大家园。现在的地球，从太空上看呈蓝色，就像一个大水球，海洋面积约占71%。地球为人类等各种生物提供了生存环境，我们生存所必需的空气、水等各种资源，都是地球赋予的。同时，地球的旋转让世界不再单调，它区分了白天和黑夜，让地球有了春、夏、秋、冬的交替。

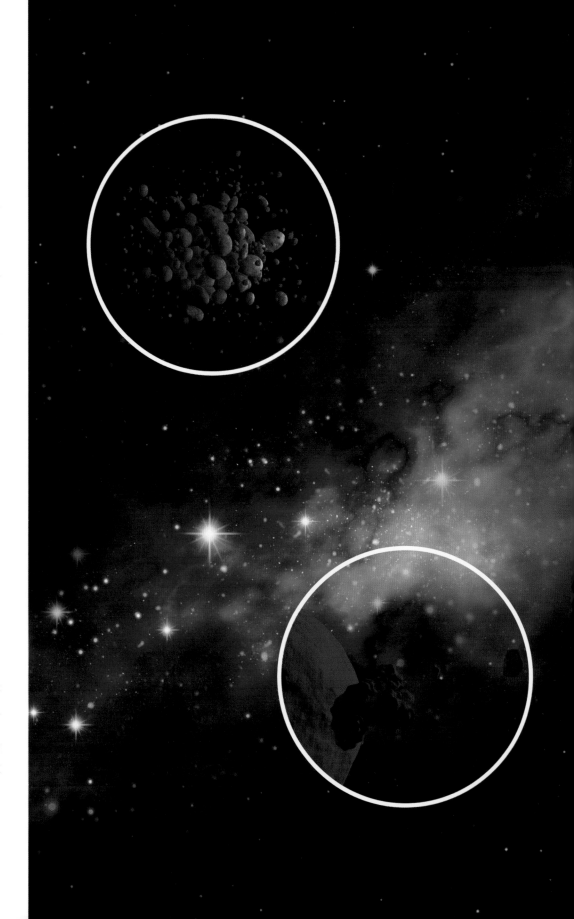

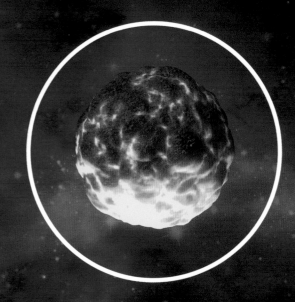

地球的结构

人们生活在地球表面，这里有河流山川、花草树木和风格迥异的建筑物。人们发明了各种交通工具，创造了不同地域的文化，使地球上的生活丰富多彩。地球得以承载万物，主要是因为它的内部能量非常巨大。地球的内部结构是三个同心圈层，这三个同心圈层的组成物质不同，它们按照由内到外的顺序依次为地核、地幔、地壳。如果给地球内部结构做个生动形象的比喻，那么它就像一个鸡蛋，地核是最内部的蛋黄部分，地幔是中间的蛋白部分，地壳是最外面的蛋壳部分。

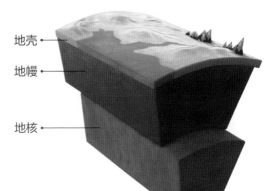

地壳

地幔

地核

地幔

地幔位于地壳和地核之间，厚度为2883千米。它又可分为上地幔和下地幔。上地幔顶部主要由橄榄石、辉石、石榴子石组成。下地幔的温度、压力和密度明显增大，内部物质是具有可塑性的固态物质。

地核

地核是地球内部构造的中心层圈。地核，又分为内核和外核。科学家推测，内核可能是固态的，主要是由铁-镍合金组成的，该固态内核可能是在强烈高压下结晶形成的。而外核可能是液态的，主要由铁和镍组成。

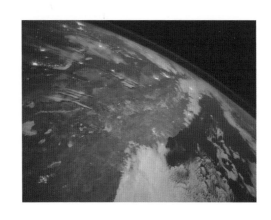

地壳

地壳是指地球表面以下、莫霍界面以上的固体外壳。地壳的厚度不均匀，它的变化规律是：地球大范围固体表面海拔越高，地壳越厚；海拔越低，地壳越薄。地壳的组成物质除了沉积岩外，基本上都是花岗岩、玄武岩等。

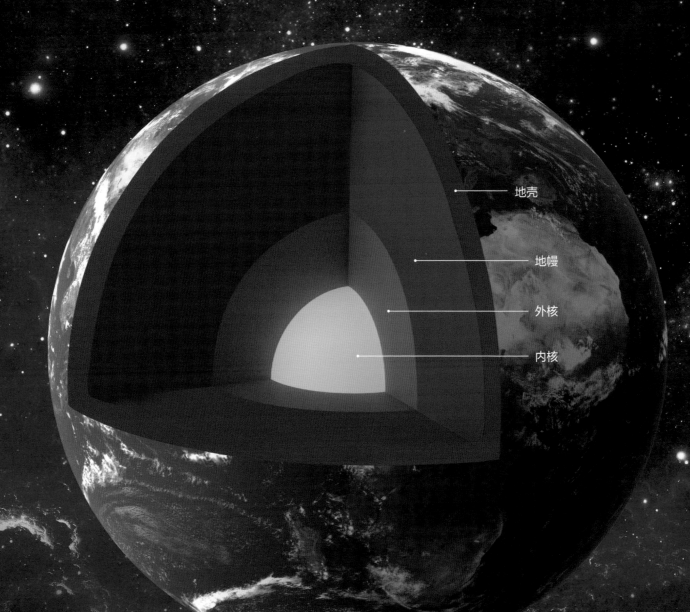

地壳

地幔

外核

内核

地球外部圈层

地球以软流圈为界被分为内部和外部。地球的外部圈层可分为大气圈、水圈、岩石圈和生物圈四个部分，这些圈层围绕地球表面各自形成一个封闭的体系，它们有着各自的特点和表现形式，但又相互关联、相互影响、相互作用，共同促进地球外部的演化。

人类和其他有生命的群体生活在地球的外部圈层，外部圈层提供了生命生存的必要物质条件。地球外部的四大圈层是一个和谐的整体，它们之间的关系密切，有着广泛的物质能量的交换和传输，形成了各种自然现象和自然景观。

生物圈

生物圈是地球特有的圈层，也是地球上最大的生态系统，它指的是地球上有生命活动影响的地区，是地球上所有生物与其环境的总和。生物圈是一个生命物质与非生命物质自我调节的系统，它的形成是生物界与大气圈、水圈及岩石圈长期相互作用的结果。

水圈

水圈是地球外部结构中最活跃的一个圈层，也是一个连续不规则的圈层。水圈是指存在于地球表层和大气层中各种形态的水，包括液态、气态和固态的水。水是地球表面分布最广的物质，具有十分重要的作用，它是人类和动植物生存的必要条件之一。

岩石圈

岩石圈的三大类岩石：岩浆岩、变质岩和沉积岩。岩石圈的物质循环过程表现在地表形态的塑造上。现在我们看到的山脉、盆地、流水、冰川、风成地貌等，都是岩石圈的物质循环在地表留下的痕迹。

大气圈

大气圈又称"大气层"，是因重力关系而围绕地球的一层混合气体，它包围着海洋和陆地，是地球最外部的气体圈层。大气圈的气体主要有氮气、氧气、氩气，还有微量的二氧化碳等气体，这些混合的气体就是空气。大气圈按照从低到高的次序分为对流层、平流层、中间层、热层和外逸层。

地球运动——公转与自转

地球是目前人类已知的唯一存在生命的天体，世界万物在它的"怀抱"中得以繁衍生息。高山流水、云雾雨雪等现象，都是地球赋予我们的。地球上的生命，或运动，或静止，都拥有自己的生存方式。地球自诞生以来一直在运动着。地球运动主要是指公转和自转，它的运动遵循着不同的规律，也产生了不同的现象。地球的自转和公转产生了昼夜的交替和四季的更迭，这些现象由于纬度的不同，在南、北半球表现得正好相反。

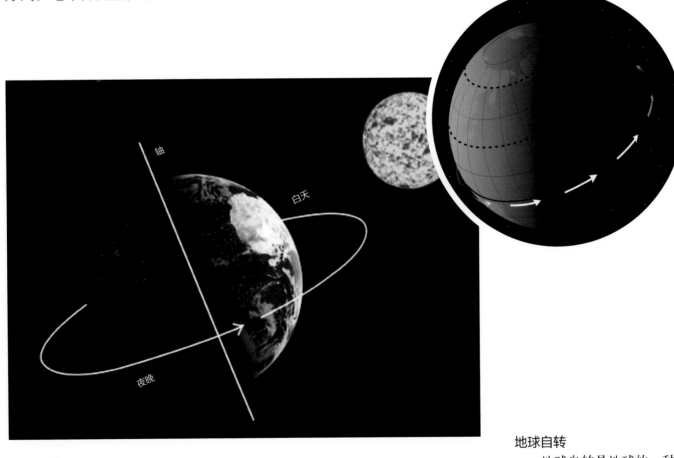

地球公转

地球公转指的是地球沿着一定轨道围绕太阳转动，是由太阳引力场和地球自转作用导致的，有一定规律。地球公转是一种周期性的圆周运动，它的公转轨道是椭圆形的，公转的速度和地球与太阳的距离有关。当地球经过近日点时，公转速度快，这是一年中地球离太阳最近的时候。

地球自转

地球自转是地球的一种重要运动形式，指的是地球绕自转轴自西向东自行旋转。地球自转和公转是同时的，它自转一周耗时23小时56分4秒。

地球的四季

大地万物，尤其是人类，对温度的感知是很灵敏的。温度降低，人们会自觉地添加衣物；温度升高，人们会想办法避暑。由于地球公转，产生了四季的交替，温度也就出现了变化。一年四季指的是春、夏、秋、冬四个季节，每个季节时长约3个月，且有各自的特点。四季最明显的特征是各地区的气候差异较大，而且在同一地区的不同季节，气候也是不同的。地球上的生物，对季节的变化所表现出来的状态也是不一样的，如大树，在春季生根发芽，在夏季茁壮成长，在秋季枯叶凋落，在冬季积存力量。每个季节都有其独特的景致，不同的季节生长的花草树木和水果蔬菜都是不同的。在我国南方城市，四季的变化不是很明显，有些地方四季如春。但是在我国北方城市，特别是东北地区，四季变化十分明显。

春季

春季是一年中的第一个季节，在我国，人们常常把春季称为"万物复苏"的季节。自春季开始，天气逐渐变暖，大地褪去沉重的雪衣，河流水位逐渐上涨。在这时，植物开始发芽生枝，冬眠的动物苏醒，鸟类也开始了大规模的迁徙。春季是耕种的季节，农民们在这时去田间辛勤劳作。民间谚语常说的"一年之计在于春"，体现了春季在人们心中的重要地位。

夏季

夏季是一年中气温最高的季节，大多数地区的夏季气候炎热，干旱缺水。但是，夏季也是降水量最多的季节，常常上午晴空万里，下午大雨倾盆。我国南方的夏季天气尤为炎热，最高气温有时可在40℃以上。

秋季

进入秋季，太阳高度角降低，气温也在逐渐下降，生长了一个夏季的果实和农作物在这时已经成熟，有些更是迫不及待地自己从树上掉落下来。放眼望去，秋季是金黄色的，树叶不知什么时候被秋风染黄了，渐渐地从树上飘落下来，给大地披上了一条金毯。在我国古代诗词中，秋季的意象是荒凉萧瑟的，文人墨客常常用秋季的景象表达悲伤的情感。

冬季

冬季是最寒冷的季节，许多生物在冬季都减少了生命活动，一些动物还要依靠冬眠躲避严寒。冬季最特殊之处在于降雪，雪是固态的水，是水蒸气遇冷结晶的产物。我国北方，尤其是东北，时常降雪且雪量较大；而南方，几乎不降雪，降雪量也极少。冬季由于室外的温度低，大多数情况下雪不会立即融化，而是堆积在物体表面上。

四季

　　春、夏、秋、冬是指地球一年的四个季节，是地球围绕太阳公转所形成的。

地球的生态系统

Diqiu De Shengtai Xitong

森林

　　森林是高密度树木的集中区域，素有"绿色宝库"之称。森林对净化空气、动物群落生存、涵养水源和巩固土壤起着重要的作用，是构成地球生物圈的重要部分。

大自然的"调度师"

　　森林是大自然最伟大的杰作之一，它不仅给陆地增添了绿意，还有着不可替代的重要价值。它能有效地调节自然界中空气和水的循环，影响气候的变化。森林还有助于改善人类的居住环境，树叶上的绒毛能吸附和过滤灰尘，减少有害粉尘。

地球之肺

　　森林具有杀菌除尘、净化空气的作用，被人们誉为"地球之肺"。

海洋

海洋是地球表面被陆地分隔成的彼此相通的广阔水域，它是"海"和"洋"的总称，约占地球表面积的71%。海洋中含有的水量约占地球总水量的97%，而可用于人类饮用的仅占2%。地球上海洋面积远远大于陆地面积，因此有人将地球称为"大水球"。

海洋的历史很悠久，很早以前人类就在海洋上旅行，从海洋中捕鱼，对海洋进行探索。在航空业发展之前，海洋是人们进行跨大陆运输和旅行的重要通道。现在，海洋对人们的观光出行、各大洲的经济贸易往来贡献依旧很大。

海和洋的区别

洋，是海洋的中心部分，是构成海洋的主体。世界大洋的总面积约占海洋面积的89%，水深一般在3000米以上，最深处超过11000米。大洋离陆地遥远，不受陆地影响，水色蔚蓝，杂质很少。海，是海洋的边缘部分，附属于洋。海的面积约占海洋面积的11%，它水深比较浅，靠近陆地。它的水温、盐度和海水透明度都受陆地影响。

21

湿地

湿地是指位于陆生生态系统和水生生态系统之间的过渡性地带，在土壤浸泡在水中的特定环境下，上面生长着很多具有湿地特征的植物。湿地面积只占地球表面的6%，但是却能为地球上20%的已知物种提供生存环境。世界上面积最大的湿地位于玻利维亚和巴拉圭交界处的潘塔纳尔湿地，面积达24.2万平方千米。

湿地是人类重要的生存环境之一，它和森林、海洋一起构成地球上的三大生态系统。湿地的类型多种多样，通常分为自然湿地和人工湿地两大类。自然湿地包括沼泽、湖泊、河流、海滩等，人工湿地主要指水稻田、水库、池塘等。

湿地的保护行动

在20世纪中后期，经济发展迅速，人们的不合理经济活动导致了很多湿地迅速消失。人们的这些活动中包括围湖、围海造田，直接减少了湿地的面积。在这样的破坏和影响下，包括我国在内的很多国家建立了"湿地保护公约"，已经着手开展对湿地的保护行动。1997年起，每年的2月2日被定为"世界湿地日"。

"地球之肾"

湿地具有强大的沉积和净化作用，能溶解农业用水中的有毒物质，因此它有着"地球之肾"的美称。湿地中含有大量的水分，在水系统的生态循环中具有重要作用，能防止干旱和洪涝灾害。湿地中的物种十分丰富，富产各种鱼类、虾类、药材等，是极为重要的农业、渔业、牧业和副业资源。

沙漠

沙漠，指的是陆地上完全被沙子覆盖、植物和雨水稀少、空气干燥的荒芜地区。沙漠地区多数是流沙或沙丘，泥土稀薄不肥沃，植物很少，甚至在一些盐滩上完全没有植物。沙漠是风积地貌，是在风力的搬运和堆积过程中形成的。因为沙漠地区雨水稀少，水分缺乏，所以人们常常觉得沙漠上是没有生命的，这也就是人们把沙漠叫作"荒漠"的原因。沙漠地区和陆地上其他地区相比，确实是荒凉了许多，放眼望去，是一望无垠的黄色。

陆地上的土地沙漠化是人们关注的焦点。沙漠地区面积的扩大意味着人们耕地面积的减少，这不利于生态系统的平衡，也不利于人类的发展生存。很多国家和地区已经采取措施控制土地沙漠化。

仙人掌和骆驼

沙漠地区虽然很荒凉，但它并不是没有生命存在的不毛之地。沙漠中植物的分布比较稀疏，最有代表性的就是仙人掌。仙人掌生命力顽强，喜欢光照，并且耐炎热和干旱，一场降雨就可以让它维持很长时间不需要水分。沙漠中的动物多数都是晚上出来活动。最大的沙漠动物是骆驼，它们的驼峰里贮存着脂肪，这些脂肪在骆驼得不到食物的时候，能够分解成骆驼身体所需要的养分，供骆驼生存需要。

有价值的自然景观

人们知道沙漠会造成扬沙和沙尘暴等天气，给人们的生活和出行造成不便。但沙漠是一种很有价值的自然景观，也有可以开发利用的一面。沙漠可以向人们提供许多可开发利用的资源，一些发达国家已经开发利用沙漠的风能、光能和热能等气象资源，并取得了成功。

雨林

雨林是指降雨量很多的生物区系，依据位置的不同被分为热带雨林和温带雨林。雨林遍布世界各地，终年都有着充足的雨水和多种生物。大部分雨林靠近赤道，赤道附近的非洲、亚洲和南美洲都有大片的雨林。湿润的气候和大规模的降水量保证了雨林中各种植物的快速生长，而这些植物也为在雨林中栖息的多种多样的生物提供了食物和庇护所。

动物的家园

雨林是树木的王国，在雨林中生长的树木，种类繁多而且数量巨大。生活在雨林中的动物数量也很庞大，仅在巴拿马运河区的雨林内，就发现了两万多种昆虫。雨林的树上生活着长臂猿、黑猩猩和各种鸟类等，地面上生活着象、鹿等动物，地下还有穴居的各种蚁类等。

亚马孙雨林

亚马孙热带雨林位于南美洲的亚马孙盆地，横跨8个国家，它是全球最大、物种最多的热带雨林。亚马孙雨林有"世界动植物王国"之称，那里的昆虫、植物、鸟类及其他生物种类高达数百万种。

天然"制氧机"

热带雨林是地球馈赠人类最有价值的资源之一，它给人类提供了大量的木材，保持了生物的多样性，对维护生态平衡起到了重要作用。热带雨林还能净化空气、除尘和过滤污水，是天然的"制氧机"和"除尘器"。

河流与湖泊

河流是在重力作用下，集中于地表线形凹槽内的经常性或周期性天然水道的统称。河流是地球上水文循环的重要途径，是泥沙和盐类等进入湖泊、海洋的重要通道。

湖泊是指承纳在湖盆中的水体。湖盆是地表相对封闭可蓄水的天然注地，通过降水、地面径流、地下水和冰川融水等来源形成湖水，湖水存蓄在湖盆之中。地球上湖泊的总面积占陆地面积的1.4%，其中北美洲和北欧地区的湖泊分布较为集中。

"多功能"的湖泊

湖泊是全球水资源的重要组成部分，它不仅能提供丰富的水产和轻工业原料，还是重要的旅游资源。湖泊的功能多种多样，它可以调节河川径流，有助于发展农业灌溉，还能提供工业用水和饮用水。

冰川

冰川是指在极地或者高山地区的地表上存在多年的、具有沿地面运动状态的天然冰体。冰川具有一定的形态和层次，有着较强的可塑性，在重力和压力下，它会产生流动的状态。冰川主要分布在地球的两极和低纬度的高山区。两极地区几乎被冰川所覆盖，这些冰川称为大陆冰川，又称冰盖冰川。冰川在世界各大洲的分布极其不均衡，现代的冰川面积的97%、冰量的99%分布在南极大陆冰盖和格陵兰冰盖。

会运动的冰川

由于上部冰层的压力和上游冰层的推力，使得冰川总是处于受力的状态，因此它会呈现运动状态。冰川的运动速度并不快，不像水流那样川流不息，它的物质循环较慢，这也就导致了它的运动速度比较慢。

31

岛屿

岛屿是指比大陆面积小，完全被水体包围的陆地。地球上岛屿总面积约1000万平方千米，约占世界陆地总面积的7%。岛屿在世界大洲上都有分布，其中北美洲的岛屿面积最大，南极洲的岛屿面积最小。

世界上绝大多数的岛屿都是由国家控制的，其中，有的国家国土完全坐落在岛屿之上，自成一个国家，被称为"岛国"，如日本、马尔代夫（马尔代夫共和国）等。

岛屿的分类

海洋中的岛屿，面积大小不一，小的不足1平方千米，称作"屿"；大的可达数百、数万平方千米，称作"岛"。岛屿可分为大陆岛和大洋岛。大陆岛的地质构造与毗邻的大陆相似，原属大陆的一部分，由于地壳的沉降或是海水的上涨致其与大陆相隔成岛。大洋岛是指从海洋盆地升高到海面以上的岛，根据成因不同又分为海底火山喷发形成的火山岛和由珊瑚骨骼聚集成珊瑚礁而露出水面的珊瑚岛。

群岛

群岛是彼此距离很近的许多岛屿的合称，一般指集合的岛屿群体。世界上最大的群岛是位于西太平洋海域的马来群岛，整个群岛由几万个大小不一的岛屿组成。世界上最小的群岛是位于南太平洋的托克劳群岛，它由3个珊瑚环礁组成，面积约12平方千米，是个十足的"袖珍群岛"。

火山

火山是一种会喷发岩浆和多种物质的山体，是一种常见的地貌形态，是由固体的碎屑或熔岩流在它的喷出口堆积形成的。火山爆发的时间不是固定的，有时一年内常有爆发，有时几百上千年才会爆发一次。火山爆发很剧烈，会对山体及周围的环境产生巨大的影响。在它爆发时，会同时喷发出固体、液体、气体和光、电、磁等放射性物质，这些物质会对电子仪器产生干扰，致使附近的轮船、飞机等发生事故，有时也会导致人类丧命。

火山分类

按照活动情况划分，火山可以分为三种。第一种是活火山，它们在一定的周期内处于持续喷发的状态。第二种是死火山，它们在史前曾经喷发过，但已经丧失了活动能力。第三种是休眠火山，它们曾经喷发过，但是长期处于相对静止的状态。但是这种分类没有严格的界限，不是一成不变的。休眠火山在不特定的时间内可能复苏，死火山也有"复活"的可能性。

火山的破坏性

火山既是地球上的一道风景，也是人们不可控制的灾难。火山的喷发会导致大量火山灰和暴雨结合形成泥石流，冲毁道路、桥梁、房屋，甚至也会将人类淹没。

珊瑚礁

珊瑚礁是盛开在海底的"花"，它们色彩斑斓、形状各异，是一道非常美丽的景色。珊瑚礁主要由造礁珊瑚骨架和生物碎屑组成的具有抗浪性能的海底隆起。成千上万的珊瑚虫和水生植物，在外力（如大鱼游过时的外力）助推下，会依附或缠绕在珊瑚上，当这些生物死掉以后，它们的骨骼就形成了珊瑚礁。随着越来越多生物的依附和死亡，珊瑚礁的长度和粗细程度也会逐渐地增加。

珊瑚礁的"居民"

珊瑚礁位于热带和亚热带浅海中，但是"居住"在它们里面的生物有很多。许多热带鱼和珊瑚鱼住在珊瑚礁内，如色彩斑斓的鹦鹉鱼、雀鲷、蝴蝶鱼等。这些鱼在珊瑚礁中穿梭，构成了一幅色彩艳丽的画。

丰富的资源

珊瑚礁不仅色彩鲜艳，而且蕴藏着非常丰富的资源，特别是油气资源。在珊瑚礁及其潟湖沉积层中，还有着丰富的煤炭、铝土矿、锰矿等矿物资源。珊瑚灰岩可以用作烧石灰和水泥等建筑材料的原料；形态各异的珊瑚无须人类的加工就可以做成漂亮的装饰工艺品；还有些珊瑚礁区已经被开发成为旅游场所，十分受人们的欢迎。

珊瑚虫

珊瑚虫是海洋中的一种腔肠动物，它们身体呈圆筒状，有八个或者八个以上的触手。单体的珊瑚虫只有米粒般大小，它们成群地聚居在一起，结合成一个整体。它们捕食海洋中细小的浮游生物，进食和排泄都通过口部进行。

大　洲
Dazhou

大陆漂移

大陆漂移，是指地球上的陆地彼此之间以及陆地相对于大洋盆地之间的大规模水平运动。科学家根据对大陆漂移的研究而提出了大陆漂移的假说，它是解释地壳运动和海陆分布、演变的假说。大陆漂移说认为，地球上所有的大陆在侏罗纪以前曾经是统一的巨大陆块，这个巨大的陆块由于受到动力机制和地球自转两种分力的影响，从侏罗纪开始分裂并漂移，逐渐到达了现在各陆地所分布的区域。大陆漂移说最初被提出的时候，遭到了很多科学家的质疑和反对，甚至拒绝这一学说的提出者魏格纳参加当时的学术会议。后来，随着科学家不断的探索研究，发现大陆漂移的现象是真实存在的。

大陆漂移过程图

板块构造说

这种学说认为，地球上的岩石圈可分解为若干巨大的刚性板块，以重力均衡的方式漂浮于塑性软流圈之上，并在地球表面发生大规模水平运动；相邻板块之间或相互离散，或相互汇聚，或相互平移，引起地震、火山和构造运动。

概念的假想和提出

在17世纪时，有人提出过各大陆之间曾经具有连接的可能性。19世纪末，奥地利的修斯曾将南半球拟合成一个单一的大陆，称为冈瓦纳大陆。到了1912年，德国科学家魏格纳正式提出了大陆漂移说，并在1915年出版的《海陆的起源》一书中做出论证。

第一大洲——亚洲

亚洲全称是亚细亚洲，是世界七大洲中面积最大、人口最多的一个洲，它约占世界陆地总面积的29.4%，人口数量约占世界总人口的60.8%。亚洲的绝大部分地区位于北半球和东半球，北部、中部和西部边缘的大部分与欧洲和非洲相连接。亚洲有很多国家，包括中国、日本、韩国、印度等，亚洲人绝大多数是黄种人，有些国家由白种人和黑种人组成。由于亚洲地域辽阔，人们为了更好地区分和了解亚洲，按照地理方位将它分为东亚、东南亚、南亚、西亚、中亚和北亚6个区域，我国位于东亚地区。亚洲的景色十分雄壮美丽，它地势起伏很大，中间高，四周低。在亚洲广泛地分布着山脉、高原、平原和盆地，其中珠穆朗玛峰是世界第一高峰。

自然资源

亚洲地大物博，资源十分丰富。亚洲矿物种类多且储量大，主要包括石油、煤、铁、锡、铜等。西亚的沙特阿拉伯是"石油王国"，每年向世界各地输出石油的数量巨大。亚洲的森林面积占世界森林总面积的13%，并且有很多珍贵树种。东南亚的热带森林在世界森林中占有重要地位，它以丰富的植物群落著称。

经济发展

　　亚洲国家中，除日本、新加坡、韩国和以色列是发达国家外，其他国家都是发展中国家，我国是世界上最大的发展中国家。亚洲许多国家发挥自身优势，经营多种热带和亚热带农作物，人们积极勘探和开采矿产资源，还大力发展制造业，使经济体制由"单一性"向"多元化"的方向发展。

43

高原大陆——非洲

非洲全称阿非利加洲，位于亚欧大陆的西南面，东临印度洋，西连大西洋。非洲的陆地面积约3029万平方千米，占世界陆地总面积的1/5，为世界第二大洲。非洲大陆高原面积广阔，海拔200～2000米的台地和高原占非洲土地面积的86.6%，因此有"高原大陆"之称。非洲平均年降水量在250毫米以下的干旱沙漠区约占全洲面积的2/5，其中撒哈拉沙漠广大地区平均年降水量不足50毫米。非洲是世界古人类与古文明的发源地。非洲东北部的埃及是世界文明的发源地之一，具有悠久的历史和丰富的文化遗产。

用手抓饭

在非洲的大部分地区，人们吃饭不需要刀叉、勺子和筷子，因为他们吃饭时是用手抓饭。在非洲做客，一定要注意吃饭时不要将饭菜掉落在地上，因为那是主人很忌讳的事情。

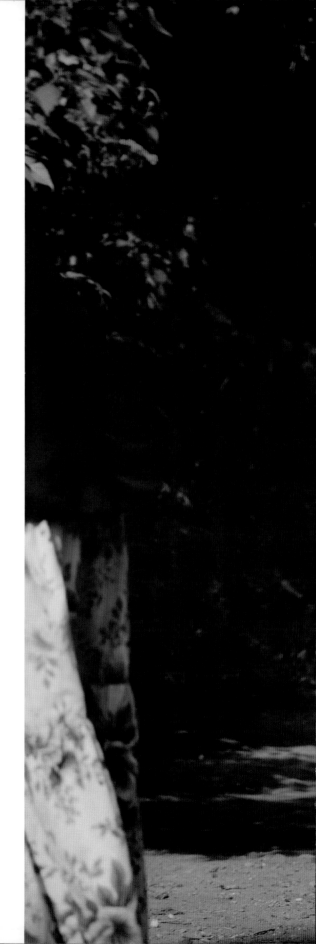

文艺复兴发源地——欧洲

　　欧洲全称欧罗巴洲，位于亚欧大陆西部，北濒北冰洋，西临大西洋，南隔地中海。欧洲的陆地面积约1016万平方千米，约占世界陆地总面积的6.8%。欧洲工农业生产发达，国际贸易、金融保险、交通运输、旅游业等方面也长期居于世界领先地位。绝大多数国家属发达国家，尤其是西欧、北欧和中欧一些国家，经济发展水平很高。欧洲以发展工业为主，农业是次要的生产部门，但是农业机械化程度和农牧业结合程度都很高。

文艺复兴

　　文艺复兴是指14—16世纪，在西欧各国正在形成的资产阶级背景下所涌现出的一场深刻的思想、文化运动。其主要活动最初聚焦于意大利，随后在16世纪逐渐扩展至德意志、尼德兰、英国、法国和西班牙等地。

47

第三大洲——北美洲

北美洲全称为北亚美利加洲，位于西半球北部，陆地面积约2422.8万平方千米，约占世界陆地总面积的16.2%，是世界第三大洲。北美洲东、西分别邻近大西洋和太平洋，北邻北冰洋，南部隔加勒比海、巴拿马运河，与南美洲为邻。北美洲是世界经济第二发达的大洲，其中美国的经济发达程度为世界之首。北美洲的人口总数约占世界总人口的8%，全洲人口分布极不均衡，绝大部分人口分布在美国、墨西哥、加拿大3个国家。

湖泊众多的大洲

北美洲湖泊众多，主要分布在大陆的北部，淡水湖总面积约为40万平方千米，位居各大洲之首。北美洲的五大湖分别是苏必利尔湖、休伦湖、密歇根湖、伊利湖、安大略湖，它们的总面积约为24.5万平方千米，是世界上最大的淡水湖群，有"北美地中海"之称。五大湖中，苏必利尔湖的面积最大，它也是世界上面积最大的淡水湖。

第四大洲——南美洲

南美洲全称南亚美利加洲，是世界第四大洲，陆地面积约1797万平方千米，位于西半球的南部，东邻大西洋，西邻太平洋，北濒加勒比海。南美洲大陆地形可分为东、西两个纵带，东部呈平原、高原相间分布：亚马孙平原面积约560万平方千米，是世界上面积最大的冲积平原；而巴西高原则是世界上面积第二大的高原，面积约为500万平方千米。南美洲西部狭长的安第斯山脉是世界上最长的山脉，也是世界最高大的山系之一。南美洲人口分布不平衡，西北部和东部沿海一带人口稠密，而面积较大的亚马孙平原平均每平方千米人口分布却不到1人。

资源实力雄厚

南美洲资源种类多、数量大。南美洲铜矿的金属储量在1亿吨以上，居各大洲之首，智利的铜储量居世界第二位，委内瑞拉的石油储量、巴西的铁矿储量均居世界前列。南美洲的森林面积巨大，盛产红木、檀香木、铁树等贵重林木。南美洲的渔业资源也很丰富，有着世界四大渔场之一的秘鲁渔场。

河流

南美洲河流的年平均径流量约11759立方千米，仅次于亚洲。安第斯山脉是南美大陆最重要的分水岭。安第斯山脉以东的大西洋流域，河流源远流长，水量丰富，河网稠密，拥有亚马孙、巴拉圭-巴拉那-拉普拉塔和奥里诺科三大水系。

最小大洲——大洋洲

大洋洲的陆地面积约897万平方千米，约占世界陆地总面积的6%，它是世界上面积最小的大洲。大洋洲是由澳大利亚大陆与介于澳大利亚大陆、南极洲、南北美洲和亚洲之间广阔的太平洋上的众多岛屿构成的地理区域。各国经济发展水平差异明显，澳大利亚和新西兰经济发达，其他岛国多为农业国家，经济相对落后。虽然大洋洲陆地面积不大，但是却分布着众多岛屿，这些岛屿散布在辽阔的太平洋海域。

大洋洲的动物们

大洋洲陆地分散，且远离其他大陆，位置十分孤立，因此生活在大洋洲的陆地动物与其他大洲的陆地动物有着明显不同的特征。大洋洲动物种类较为贫乏，尤其缺少高等哺乳类动物，但是鸟类种类丰富且分布甚广。

最冷大洲——南极洲

南极洲位于地球的最南端。南极大陆绝大部分位于南极圈内，被南大洋所环绕。总面积约1366.1万平方千米。其中大陆面积约1190万平方千米，周围岛屿面积约19.3万平方千米，冰架（又称陆缘冰）面积约156.8万平方千米。冰层平均厚度约2160米，最大厚度约4776米，南极洲是全世界淡水资源的重要所在地。

生物资源

南极洲的自然环境十分严酷，因此生物种类很稀少。植物有800余种，其中地衣350余种，苔藓370余种，开花植物仅有3种。鸟类有企鹅、海燕、海鸥。哺乳类动物有海豹、海豚等。

极昼与极夜

极昼、极夜是南极洲的自然现象之一，这种现象是由于地球运动而产生的。极昼也叫永昼，是指太阳不降落，天空一直是亮的；极夜与极昼正好相反，是指太阳不升起，天空一直是黑夜状态，这时南极圈附近经常出现绚丽夺目的极光。

大　洋
Dayang

面积最大的大洋——太平洋

太平洋的面积约为18134.4万平方千米，是地球上面积最大的大洋。太平洋环绕着亚洲、大洋洲、美洲和南极洲，它的面积比地球上所有的陆地面积相加还要大。它纵跨赤道，被分为北太平洋和南太平洋。

太平洋美丽壮观，物产丰富，分布着许许多多的海峡和岛屿，栖息着很多美丽的海洋生物。在太平洋的周围，环绕着很多国家，如中国、澳大利亚、美国、智利、加拿大等。太平洋作为一条重要纽带，密切联系着各国的贸易，为各国经济的发展创造了便利条件。

资源丰富

太平洋海域广阔，蕴藏着丰富的资源，生长在太平洋中的已知动植物有几万种。这里分布了很多世界著名的渔场，自20世纪60年代中期以来，太平洋的渔业生产一直居于各大洋之首。

在太平洋的岛屿和深海盆地中，还有着丰富的石油、天然气、煤矿等资源。在太平洋的深海盆地中，多金属结核的总储存量占到世界总储存量的一半。

第二大洋——大西洋

大西洋位于欧洲、非洲与北美洲、南美洲之间，是地球上第二大洋，约占世界大洋总面积的25.4%，以赤道为中心被划分为北大西洋和南大西洋。大西洋的轮廓呈"S"形，东西两侧海岸线大致平行，北部海岸线曲折蜿蜒，分布的岛屿众多。大西洋独特的海岸线造型，还曾经触发了德国气象学家魏格纳的灵感，促使他提出了著名的大陆漂移学说。大西洋海域广阔，资源丰富。在那里，栖息着海笔、北极海鹦、鼠鲨、塘鹅等珍奇美丽的动物。

海洋资源

大西洋蕴藏的海洋资源十分丰富，已经被人们勘探和利用的海洋资源主要是矿产资源和生物资源。大西洋两岸边缘的海盆中，有两个重要的油气带，那里的油气储存量和产量相当巨大。

大西洋的海洋资源中最主要的是鱼类，周围分布着许多世界著名的渔场。在大西洋中，鱼的种类多，数量大，单位面积捕鱼量一直高居各大洋之首。

航运发达

大西洋在世界航运中具有极其重要的作用，它的航路四通八达，是航运体系中的枢纽环节。大西洋沿岸几乎都是经济水平比较高的发达国家，这些国家通过大西洋进行经济贸易往来。大西洋沿岸港口数量占全世界港口总数的3/5，每天有大量的货物在大西洋沿岸运输和周转。大西洋是各国发展经济、交流合作的纽带，是世界上航运最发达的大洋。

第三大洋——印度洋

印度洋位于亚洲、大洋洲、非洲和南极洲之间，总面积7617.4万平方千米，是地球上第三大洋。印度洋西南部与大西洋、太平洋相通。比较特殊的是，印度洋的北部由陆地完全封闭起来。

印度洋地貌错综复杂，在洋底有一条巨大的"人"字形大洋中脊，将印度洋分成三个海域。围绕着海洋中脊，分布着许多海岭、岛弧和海盆。

传说中的美人鱼

在印度洋生活的众多海洋动物中，最神秘、最罕见的要数儒（rú）艮（gèn），它是海底生物中唯一的草食性哺乳动物。儒艮的身形庞大，前肢较圆，尾巴是分叉状的。当它们给幼崽哺乳时，会用前肢抱住幼崽，把头和上半身露出水面，远望去，与人类哺乳的方式和姿态极为相似。据说，人们传说的美人鱼的故事，原型就是儒艮。

最冷大洋——北冰洋

北冰洋位于地球最北端，被亚欧大陆和北美大陆环绕，是世界上面积最小的大洋。北冰洋面积为1475万平方千米，占世界海洋面积的4.1%。

北冰洋的深度是大洋中最浅的，平均水深1255米，最大水深5527米。洋面上有常年不化的永久性冰层，这些海冰持续覆盖了北冰洋大约300万年。由于冰层的覆盖，北冰洋的水温很低，是地球上最冷的大洋。在北冰洋的边缘海附近，分布着数不清的冰山，这些冰山会顺着洋流向南漂浮。有一些冰山会漂到北大西洋，由于它们漂流的路线不固定，常常威胁到行驶在北大西洋上的船只的安全。

北极熊

说到北冰洋最有代表性的动物，那就一定是北极熊了。北极熊是陆地上体形最大的食肉动物，它们身上覆盖着透明厚密的毛，在寒冷的北极地区，那就是它们的保暖工具。在北极熊的栖息地，它们没有天敌，最大的威胁就是逐渐变暖的气候。现在，北极熊的栖息地大幅度减少，它们的数量也在逐渐下降。如果不控制变暖的气候，北极熊极可能灭绝。

气候

北冰洋位置在北极圈内，可获得的太阳照射范围很小。在上空，冬季是稳定的高压区，云层很少，加上洋面常年覆盖冰层，因此北冰洋成了最冷的大洋。北冰洋终年温度很低，即使在最高温的月份，气温也只有0～6℃。北冰洋终年冰天雪地，年降水量一般只有100～200毫米，其主要是降雪。

无陆界大洋——南大洋

南大洋，是环绕南极大陆、北边无陆界的独特水域。由南太平洋、南大西洋和南印度洋各一部分，连同南极大陆周围的海等组成。联合国教科文组织（UNESCO）政府间海洋学委员会（IOC）于1970年会议上建议把南极大陆到南纬40°的纬圈海域，即副热带辐合带的海域定义为南大洋。南大洋面积不固定，约为7700万平方千米，占世界大洋总面积的21%左右。

丰富的生物资源

南大洋生物资源丰富，特别是磷虾和鲸。浮游植物的主体是硅藻，现已发现近百种，分布具有明显的区域性和季节性。以磷虾为主要食料的须鲸有蓝鲸、长须鲸、黑板须鲸、巨臂须鲸、缟臂须鲸和南方露脊鲸等种类。此外，海豹、企鹅、鱼类、海鸟、龙虾、巨蟹和海草等生物也生活在这里，颇引人注意。南大洋海洋生物以磷虾、企鹅、鲸、海豹为代表。

自然现象
Ziran Xianxiang

水的循环——降水

　　"雨水"是二十四节气中的第二个节气，通常在每年的2月18日、19日或20日，它意味着季节进入气象意义的春天。到"雨水"节气时，气温开始逐渐回升，冰雪融化，最主要的特征就是降水增多。降水是雨、雪、露、霜、霰（xiàn）、雹等现象的统称。降水在我们的生活中很常见，它是大气中冷凝的水汽以不同的方式降落到地球表面的天气现象。

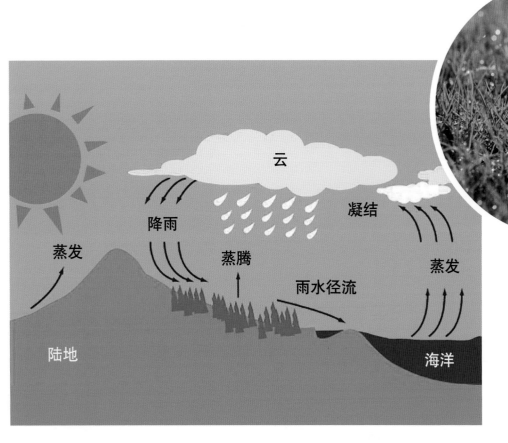

水循环的过程

　　水循环是一个多环节的自然过程，降水是水循环中的重要环节之一。在自然界中，水通过海水的蒸发和植物的蒸腾形成水蒸气，水蒸气输送凝结形成云。云以雨或雪的形态降落，下渗进入地下水，被植被和土壤吸收，最后通过河流又汇入海洋。这种通过蒸发、蒸腾、输送、凝结、降水、下渗和径流等环节进行的水体连续不断的运动的过程，叫作水循环。

降水的作用

　　降水是云中的水分以液态或固态的形式降落到地面的现象，如雨、雪、霜、露、霰、雹等。

　　水在各行各业的发展中也是主角，人们利用水来发展工业、灌溉农业、从事商业。水已经渗透到自然界、生活中的方方面面，而我们利用的水的主要来源就是降水的补给，因此，降水对人们的生活和社会的发展具有重要的作用。

七色光——彩虹

夏季的雨后，空气清新，晶莹剔透的小水珠保持着对绿叶的留恋，小泥坑里的雨水安静地嗅着泥土的芳香，最惊喜的是，在这样和谐的氛围中，一道彩虹早已挂上半空。彩虹又称"天虹"，它常见于夏季雨后，是因为它的形成与空气中的小水滴有关，冬季虽然有降雪，但是气温较低，空气中不易有小水滴，所以彩虹通常不会在冬天出现。彩虹最突出的特点就是它的"七色光"，我国对于彩虹的七色光普遍说法按照波长从大至小排序为：红、橙、黄、绿、蓝、靛（diàn）、紫。

彩虹形成的原理

色彩鲜艳又无害的彩虹是怎样形成的呢？其实它是气象学中的一种光学现象，是由于阳光照射到空中接近圆形的小水滴上，造成光的色散及反射形成的。因为水对光有色散作用，不同波长的光的折射率有所不同，每种颜色有其特定的弯曲角度，所以每种颜色在天空中排列的位置都不同。彩虹的明显程度取决于空气中小水滴的大小，小水滴的体积越大，形成的彩虹颜色越鲜亮；小水滴的体积越小，形成的彩虹越不明显。

双彩虹

在天空中有时会同时出现两条彩虹，这种双彩虹是在水滴内进行两次反射后形成的特殊现象，在原彩虹的外围出现一条直径稍大、颜色排列次序相反的同心彩虹，内层色彩清晰的称为主虹，外层称为副虹，又称为"霓"。由于每次反射会损失一些光能量，因此副虹的亮度稍弱。其实副虹一直跟随主虹存在，只是因为它光线强度较低，所以有时不易被人们察觉。

73

两极光辉之美——极光

在地球上，南极和北极是最寒冷的地方，它们终年被冰雪、海冰覆盖，色彩比较单一。但是，南极和北极并不枯燥，因为大自然赋予了它们别样的美丽——极光。极光是一种绚丽多彩而又千变万化的发光现象，它出现在地球南北两极附近地区的高空中。极光在南极被称为南极光，在北极被称为北极光。极光不仅是一种光学现象，而且是一种无线电现象，它可以用雷达进行探测研究，还会发射出某些无线电波。我们只看到了极光的美丽，但还有许多关于极光的未解之谜。

极光产生的原理

极光是地球周围的一种大规模放电的过程，它经常出现在南北纬67°附近的两个环带状区域内，因此只有在南北两极附近区域才会看见极光。极光的形成是由于来自太阳的带电粒子到达地球附近，地球磁场迫使其中一部分带电粒子沿着磁场线集中到南北两极。当它们进入极地的高层大气时，与大气中的原子和分子碰撞并激发产生光芒，形成了极光。

绚丽的极光之美

极光被人们认为是自然界中最美丽的奇观之一，它形状不一，多种多样，五彩缤纷，绚丽无比。极光的美是跳跃无常、变幻莫测的，它有时出现的时间极短，几乎是一闪而过；有时又会在苍穹之中交相辉映几个小时。它时而像一条柔韧的彩带，时而像一团旺盛的火焰，它的变化无法预知，却总是能创造新的惊喜。极光的亮度也是瞬息万变的，常常一眨眼就从微弱变为耀眼。

冰与雪

冬季大概是孩子们最喜欢的季节了，因为在冬天，经常会有从天而降的"玩具"——雪。雪具有一定的可塑性，人们在手中握一握，它就"听话"地变成了一个雪球，把小小的雪球在雪地上滚一滚，它就会沾上越来越多的雪，最后雪球会越来越大。除了天上掉下来的"礼物"外，地上也有"天然的玩具"，那就是冰。冰表面光滑，人们助跑几步，在冰面上不需消耗体力就能滑出很远。在冰面上，人们还会抽陀螺、拉爬犁等。和冰雪的嬉戏，让人们忘记了寒冷。冰雪运动是冬季奥运会中的"主角"，受到世界大部分国家的重视。

冰和雪的区别

　　冰和雪在本质上是一样的，都是固态的水，但是，它们之间也存在着较明显的区别。冰是水凝固形成的，表面光滑；雪是水蒸气凝华形成的，呈花朵形状。水是液态的，分子间距小；水蒸气是气态的，分子间距大，所以它们形成固态后，分子间距也有很大的区别。冰的分子间距小，所以硬，很难压缩；雪的分子间距大，雪花之间的空隙也大，所以容易压缩。

冰为什么浮在水面上

　　水是一种特殊的液体，它遵守热胀冷缩的规则。水的温度在4℃时，密度最大，而温度低于4℃时，形成"假冰晶体"，导致密度下降。当水结成冰的时候，冰的密度小于水的密度。如果冰的密度大于水，它会不断下沉，在炎热的夏天也不会解冻，在天冷的时候又会继续冰冻，直到所有的水都结成冰，那样所有的水生生物将会变成冰块中的"标本"，不复存在。

雪的形成

　　雪是人们在冬天很常见的一种自然现象，片片飞舞的雪花是怎样形成的呢？天空中的冰云是由无数微小的冰晶组成的，这些微小的冰晶在相互碰撞时，一部分会因表面增热而融化，又会因为相互黏合而重新冻结起来，这样的过程重复多次，冰晶便增大了。冰晶也会吸附云内的水汽，越长越大，当它增大到能够克服空气的阻力和浮力的时候，就会以雪花的形态降落到地面。

电闪雷鸣——雷电

在炎热的夏季，雨水能冲走干燥，带来一丝凉爽，人们会嗅到空气中清新的泥土味道，还会看到挂在半空的彩虹。但雨水不总是那样温柔，它也有急躁的时候。大暴雨不仅使得天空乌云密布，还常常伴有令人恐惧的雷电。这种伴有雷声和闪电的壮观又有点令人生畏的放电现象就是雷电。产生雷电的条件是积雨云中带有电荷。科学家对积雨云的带电机制及电荷有规律分布进行了大量的观测和试验，积累了许多资料，并提出了各种各样的解释，有些论点至今还存在争论。

雷电的形成

雷电常伴有强烈的阵风和暴雨，有时还会有冰雹和龙卷风，这是因为它产生于对流发展旺盛的积雨云中。积雨云顶部较高，云上常有冰晶，冰晶的附着、水滴的破碎以及空气对流等过程，使云中产生了电荷。这些电荷有正负之分，形成了电位差，电位差达到一定程度后就会放电，这就是常见的闪电现象。在放电过程中，由于闪电通道中温度骤增，空气体积急剧膨胀，产生了冲击波，导致了强烈的雷鸣，这就是人们见到和听到的电闪雷鸣。

雷电的危害

雷电是一种极具危害性的自然现象，它常常袭击在室外大树下避雨的人们。雷电对人体的伤害，有电流的直接作用、超压或动力作用和高温作用。当人们遭受雷击的瞬间，电流迅速通过人体，会使人体出现雷击纹，被击中的皮肤会表皮脱落伴有皮内出血等现象，严重者会导致心跳、呼吸停止，脑组织缺氧而死亡。除此之外，雷击时产生的火花也会给人体皮肤造成不同程度的灼伤。

闪电根据形状的不同分为枝状闪电、带状闪电和叉状闪电。

大气旋涡——龙卷风

龙卷风，是自积雨云底部下垂的漏斗状云柱及其伴随的猛烈旋转的旋风系统。它会"突然袭击"，给所到之处的人们带去灾难和损失。龙卷风经过时，常把大树连根拔起，还会掀翻车辆、摧毁建筑物等；它会使成片的庄稼和上万株树木瞬间被摧毁，导致交通中断，房屋倒塌，让人们的生命受到威胁和经济遭受损失。龙卷风的生命周期非常短，空间尺度很小，这就导致了人们很难对它做出预报。从19世纪以来，天气预报的准确性大幅提升，气象雷达能够监测到龙卷风等各种风暴灾害，人们能够有充足的时间加以防范，一定程度上避免了它的"突袭"。

龙卷风的特点

龙卷风是大气中最强烈的涡旋现象，它常发生于夏季的雷雨天气时，特别是在下午至傍晚的时间段内最为多见，影响范围较小，但破坏性极大。龙卷风通常是极其快速的，风速可达每秒100米，甚至可以达到每秒175米以上，比12级台风的风速还要高五六倍。龙卷风的生命周期非常短，从发生到消失通常只有几分钟，最长也不过几十分钟。

"龙吸水"

龙卷风"大漏斗"形的外观与古代传说中从波涛汹涌之处蹿出的蛟龙十分相像，它也因此而得名。龙卷风具有强大的"吮吸"力量，能把水吸离水面，形成水柱，与云相接。这种现象俗称为"龙吸水"，水上龙卷风，也被称为"龙吸水"。"龙吸水"过后，"吸"到天上的水就会降落下来，形成暴雨。

生命的演化
Shengming De Yanhua

生命大爆发——前寒武纪与寒武纪

与浩瀚无垠的宇宙相比，生命显得极其渺小，但正因为有了生命的点缀，世界才充满生机。生命不是人类独有的，动物、植物都有生命，甚至人类肉眼看不见的细菌、真菌等微生物也拥有生命。那么，生命是从什么时候开始的呢？人类研究表明，早在38亿年前就有生物的出现，那时的生命进化漫长而低

等。从地球诞生到6亿年前的这段漫长而缺少生命的时期被称为前寒武纪，这时出现了古生物。寒武纪是距今5.43亿～4.9亿年前的一段时期，它是现代生物的开始阶段，是地球上现代生命开始出现、发展的时期。寒武纪的开始，标志着地球进入了生物大繁荣的新阶段。

寒武纪生命大爆发

寒武纪生命大爆发被称为古生物学和地质学上的一大"悬案"，它一直困扰着自达尔文进化论以来的学术界。大约寒武纪开始时，绝大多数无脊椎生物在很短时间内几乎同时"突然"出现了，而在寒武纪之前更古老的地层中，却长期以来找不到动物化石。古生物学家将这一"爆炸"式生物增加的现象，称为"寒武纪生命大爆发"。

三叶虫的时代

在寒武纪开始后的短短数百万年时间里，包括现生动物几乎所有类群祖先在内的大量多细胞生物突然出现。带壳、有骨骼的海洋无脊椎生物趋于繁荣，它们大多是附着于植物或同类体表的底栖动物，以微小的海藻和有机质颗粒为食。在这之中，最繁盛的是节肢动物三叶虫，寒武纪岩石中保存有比其他类群丰富的矿化的三叶虫硬壳，因此寒武纪又被称为三叶虫的时代。

84

古生代第二纪——奥陶纪

奥陶纪是地质年代名称之一，是古生代寒武纪之后的第二个纪，约始于4.9亿年前，结束于4.38亿年前。奥陶纪是地壳发展历史上大陆地区广泛遭受海侵的时代，也是火山活动和地壳运动比较剧烈的时代。奥陶纪海生生物空前发展，是海生无脊椎动物真正达到繁盛的时期，也是这些生物发生明显的生态分异时期。奥陶纪后期，各大陆上很多地区发生了重要的构造变动、岩浆活动和热变质作用，这些地区的褶皱成为山系，从而在一定程度上改变了地壳构造和古地理轮廓。奥陶纪的时间计算跟现在不同，那时每天的时间为21个小时，而不是现在的每天24个小时。

奥陶纪生物大灭绝

奥陶纪没有出现植物，陆地上没有任何动物，所有的动物都生活在海洋中。那时，海洋动物都悠闲地"享受"着生活，丝毫没有意识到即将来临的灾难。奥陶纪末的平凡的一天，一束来自6000光年以外的伽（gā）马射线穿透大气层，击中了地球。射线击穿了1/3的臭氧层，杀死了大量浮游生物，破坏了海洋食物链的基础，饥荒开始四处蔓延。这是地球上的第一次生物大灭绝事件。

奥陶纪的生物发展

奥陶纪气候温和，浅海广布，海生生物发展较寒武纪更为繁盛。在奥陶纪早期，首次出现了可靠的陆生脊椎动物——淡水无颚鱼。腕足动物在这一时期演化迅速，大部分的类群均已出现；鹦鹉螺进入繁盛时期，它们体型巨大，是奥陶纪海洋中凶猛的肉食性动物，处于食物链的顶端。

笔石时代——志留纪

志留纪是古生代的第三个纪，也是早古生代的最后一个纪，约始于4.38亿年前，结束于4.1亿年前。志留纪的名称源于威尔士地区一个古老部族。志留纪可分为早、中、晚三个世，一般来说，早志留世各地开始形成海侵，中志留世海侵达到顶峰，晚志留世各地有不同程度的海退和陆地上升，呈现出巨大的海侵旋回。志留纪晚期，地壳运动剧烈，古大西洋闭合，一些板块间发生碰撞，导致一些地槽褶皱升起。这时的古地理面貌变化巨大，大陆面积显著扩大，生物界也发生巨大演变，标志着地壳历史发展到了转折时期。

志留纪的生物面貌

志留纪的无脊椎动物与奥陶纪生物关系密切，许多经历了奥陶纪灭绝事件的物种，进入了新的复苏阶段。笔石是志留纪海洋漂浮生物中最引人注目的一类，志留纪是笔石的时代。笔石以单笔石类为主，它分布广、演化快，同一物种在世界各地都有发现。根据笔石演化的阶段特征及特殊类型的地质历程，在地层对比中有独特的价值，志留纪分阶界线的确定主要依赖于笔石时代。

志留纪的矿产资源

志留纪是一个沉积矿产相对贫乏的时期，主要的沉积矿是北美地台上的克林顿沉积铁矿，美国铁矿的10%、盐矿的20%和少量的油气资源均来自志留纪地层。在我国秦岭地区，志留系中的小型藻煤已具开采价值。除此之外，志留系灰岩、白云岩是建筑材料和水泥的重要原料。

鱼类时代——泥盆纪

泥盆纪是古生代的第四个纪，约始于4.1亿年前，结束于3.54亿年前。1839年，英国地质学家塞奇威克和默奇森研究了德文郡的"老红砂岩"后，将它命名为泥盆纪，于这一时期形成的地层称为泥盆系。泥盆系的地层在纽约州发育得最好，这里层序完整，化石丰富。泥盆纪时期的气候是温暖的，化石记录说明北极地区在当时都处于温带气候。泥盆纪陆地上出现了最早的昆虫，还有一些淡水蛤类和蜗牛，由造礁珊瑚、海绵、棘皮动物、软体动物等组成的海洋无脊椎动物异常丰富。

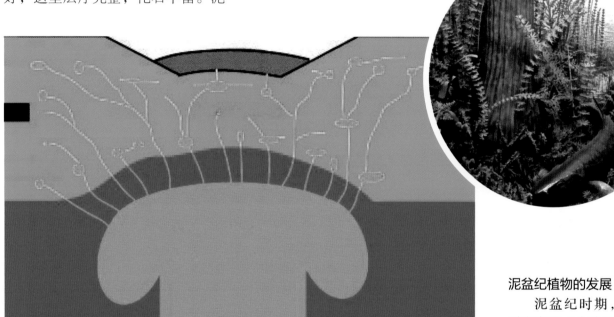

岩浆的侵袭

泥盆纪发生了一场地球史上第二次生物大灭绝，它使得地球上70%以上的海洋生物永远消失了。这次灾难的罪魁祸首是被称为"超级地幔柱"的岩浆，由于不明原因岩浆从西伯利亚地区喷涌而出，这导致附近的海水沸腾，烫死了成千上万的生物。岩浆中的有毒物质与海水发生化学反应，大量的动物因为无法呼吸而死亡。灾难发生的十万年后，岩浆还在继续喷发，新的灾难又接二连三地袭来。这场"超级地幔柱"灭绝事件，是地球史上持续时间最长的生物灭绝灾难。

泥盆纪植物的发展

泥盆纪时期，许多地区露出海面成为陆地，古地理面貌与早古生代相比有很大的变化。泥盆纪早期裸蕨类发展繁荣，有少量石松类植物，多为形态简单，个体较小的草本类型；中期裸蕨植物仍占优势，但原始的石松植物更发达，出现了原始的楔（xiē）叶植物和真蕨植物；晚期裸蕨植物濒临灭亡，石松类继续繁盛，新的真蕨类和种子蕨类开始出现。

巨虫时代——石炭纪

石炭纪是古生代的第五个纪，约始于3.54亿年前，结束于2.95亿年前。世界万物各有不同，我们所看到的，都是具有"现代化特征"的事物。如我们现在看到的各种动物，有些憨态可掬，有些凶猛威武，但这也许并不是它们最初的样子。你能想到吗，在石炭纪时期的巨型蜻蜓，翼展将近一米，是有史以来最大的昆虫，可是现在的蜻蜓，最大也不过20厘米。蜻蜓怎么变小了？其实，不只是蜻蜓，还有好多现在的动植物都不是原本的样子，它们是在漫长的演化过程中，为了适应不断变化的环境而进化成现在的样子。石炭纪盘古大陆主要由针叶林覆盖，树木产生大量的氧气，那时地球的氧含量的是现在的两倍多。这也促进了昆虫的进化，使得这一时期的昆虫都拥有巨大的体型，石炭纪也因此被称为巨虫时代。

石炭纪燃煤事件

石炭纪的陆地完全由森林覆盖，树木的枯枝形成了一层厚达30米的煤炭，遍布全球。那时岩浆活动剧烈，产生高温，高温穿过岩石直达煤炭层，煤炭开始燃烧。大火迅速蔓延，丛林中的动物无处可逃，大多被火烧死。一些昆虫虽然能飞，却失去了栖息地，最后筋疲力尽地掉进火海。这场大火使动植物遭到了重创，近一半的陆地几乎没有生命迹象，40%的物种因此灭绝。这场发生在石炭纪的生物大灭绝事件被称为石炭纪燃煤事件。

石炭纪动物的演化

石炭纪陆生生物发展迅速，海生无脊椎动物也有所更新。生活在陆地上的昆虫，如蜻蜓类，是石炭纪突然崛起的一类陆生动物，它们的出现与当时茂盛的森林有关。石炭纪的海生无脊椎动物与泥盆纪比较起来，有了显著的变化，浮游动物中，出现了新兴的蜒（tíng）类。

93

爬行动物崛起——二叠纪

生物发展是漫长而多变的过程，每种生物的兴衰变化在各时期都是不同的，受多种条件的影响。二叠纪是古生代最后一个纪，约始于2.95亿年前，结束于2.5亿年前。这一时期陆地的面积进一步扩大，海洋范围缩小。自然地理环境的变化，促进了生物界的演化。二叠纪的英文名称源自俄罗斯的彼尔姆边疆区，其他语言的名称大同小异。中文为什么翻译为二叠纪？据说在德国的同年代地层中，上半层是白云质石灰岩（称为镁灰岩统），下半层是红色岩石（称为赤底统），这样不同的地层构成就是"二叠"，这一时期因此被称为二叠纪，其间形成的地层称为二叠系。

崛起与绝迹

二叠纪是生物的重要演化时期，海生生物和陆生生物都有相应的发展变化。二叠纪脊椎动物中的爬行动物逐渐崛起，爬行动物虽然出现在石炭纪，但首次大量繁盛发生在二叠纪，它们是现代爬行类、鸟类和哺乳类动物的"近亲"。无脊椎动物方面，曾"称霸"寒武纪，有3亿年历史的古老节肢动物三叶虫在二叠纪彻底绝迹。

二叠纪的矿产

二叠纪的矿产资源主要有岩盐、磷、铜、锰等。其中磷矿主要见于美国的蒙大拿州、俄罗斯的乌拉尔山脉，以及我国的江苏、浙江和福建等地。铜矿见于德国的含铜页岩中，我国西南地区也有与玄武岩关系密切的沉积铜矿。二叠纪还有石油和天然气资源，主要产于美国得克萨斯州等地。

恐龙时代前的黎明——三叠纪

中生代的第一个纪是三叠纪，约始于2.5亿年前，结束于2.05亿年前，它的开始和结束各以一次灭绝事件为标志。由于三叠纪是以灭绝事件开始的，因此早期的生物分化很严重。这时期出现了六放珊瑚亚纲，第一种会飞的脊椎动物可能也是这个时期出现的。三叠纪末期，世界上最早的乌龟——原颚龟出现了，第一批鱼龙也"诞生"在这一时期。三叠纪晚期，恐龙已经是一个种类繁多的类群了，它们在当时的生态系统中占据了重要地位，因此，三叠纪也被称为"恐龙时代前的黎明"。

三叠纪的气候

科学家对代表三叠纪的经典红色砂岩进行了研究，结果表明，三叠纪的气候比较炎热干燥，没有任何冰川的迹象，那时的地球两极并没有陆地或覆盖的冰层。由于陆地的面积十分广阔，使得带湿气的海风无法进入内陆地区，在大陆的中部形成了一个面积广阔的沙漠。所以陆地上的气候相当干燥，一些不过分依赖水分繁殖的针叶树和较耐旱的蕨类品种因此取得了竞争优势。

恐龙称霸时代——侏罗纪

侏罗纪约始于2.05亿年前，结束于1.37亿年前，在所有地质年代中，侏罗纪大概是最广为人知的一个。侏罗纪是中生代的第二个纪，在这一时期，地理环境变化显著，生物的发展演化十分引人注目。尽管当时有部分干旱地区，但绝大多数的盘古大陆都是郁郁葱葱的绿洲，繁盛的森林植被形成了如今澳大利亚和南极洲丰富的煤炭资源。侏罗纪生物的发展演化也大放异彩，这时的哺乳动物开始发展，无脊椎动物中的双壳类、腹足类、介形虫、昆虫类迅速发展。侏罗纪最重要的事件是恐龙成为陆地的统治者，鸟类也在这一时期出现。

恐龙成为统治者

恐龙虽然出现在三叠纪，但是它们真正"一枝独秀"处于"统治"地位却是在侏罗纪。侏罗纪早期，因为经历了三叠纪末期的大灭绝事件，所以各种动植物都处于"休养生息"的阶段，数量非常稀少。但恐龙却种类繁多、形态各异，除了陆地上身形巨大的迷惑龙、梁龙、腕龙等，水中的鱼龙和空中飞行的翼龙等也大量的发展和进化。侏罗纪是恐龙最鼎盛的时期，这时的其他生物仿佛都是配角，因此侏罗纪被称为恐龙称霸的时代。

始祖鸟

在侏罗纪生物演化过程中，一个重要的事件就是始祖鸟的出现。始祖鸟是介于有羽毛恐龙和鸟类之间的过渡物种，但是它曾被认为是最古老的鸟类代表。始祖鸟最特别的地方在于，它拥有与小型兽脚类恐龙相似的骨骼、牙齿和爪子，但是它也有与鸟类相似的特征，比如它有长着羽毛的翅膀和尾巴，也能在空中飞翔。

恐龙灭绝——白垩纪

白垩纪是中生代最后一个纪，约始于1.37亿年前，结束于0.65亿年前，经历了8000万年，是显生宙最长的一个阶段。白垩纪时期大陆被海洋分开，地球变得温暖而干旱，开花植物、最大的恐龙在这时出现，许多新的恐龙种类涌现并发展。最初，陆地的"统治者"仍然是恐龙，天空是翼龙和鸟类的圣地，巨大的海生爬行动物"统领"着浅海。这样的景象持续了很久，最后却黯然结束在白垩纪末的灭绝事件中。

白垩纪的气候

白垩纪时期的海平面变化大，气候温暖，大面积的陆地被温暖的浅海覆盖。白垩纪中期，海洋底层流动缓慢，造成海洋缺氧环境。全球各地许多黑色页岩层就是在这样的环境下形成的，这些页岩是石油、天然气重要的来源。

植物的进化

白垩纪早期，以裸子植物为主的植物群依然繁茂，而这时被子植物也兴盛起来，并且它渐渐取代了裸子植物的优势地位。现在的被子植物群都是从那时延续至今的。这些被子植物为昆虫、鸟类、哺乳类动物提供了大量的食物，使它们得以繁衍。

哺乳动物的繁盛——古近纪

生物经历了漫长的发展，终于迎来了新生代。这里所说的"新生代"是地质年代，古近纪就是新生代的第一个纪，约始于6500万年前，结束于2330万年前。古近纪旧称早第三纪、老第三纪，它原意是指近代生物的发生和启蒙时期，包括古新世、始新世和渐新世。随着白垩纪的结束，这一时期气候有了显著变化，给生物发展带来了转机，早白垩世出现的被子植物在古近纪极度繁荣，整体的植物群面貌有了较大的改观；草类和显花植物也逐渐发展，给动物界的繁荣提供了必要条件。古近纪动物的基本特点是哺乳动物的迅速发展演化，种类和数量的剧增。这一时期，除了适应陆地生活的动物外，还出现了天空飞翔的蝙蝠类和重新适应海洋生活的鲸类。

哺乳动物的繁盛

古近纪是哺乳动物进化史上一个重要的繁衍时期，晚白垩纪时哺乳动物只有10个科，到古新世时却猛增到40多个科。这些哺乳动物不仅有白垩纪已有的多瘤齿兽目、食虫目等，更重要的是各种古老和土著类型的有胎盘类动物大量发展和分化。它们绝大部分与现代的哺乳动物各目都没有直接的关系，许多种类是为了适应环境而进化的。

古近纪的地理特点

海底扩张、古陆分离等因素，对世界上整个地质构造格局和古地理环境产生了重大的影响。古近纪时，特提斯海也就是古地中海最终消失，亚洲大陆形成，青藏高原升起，阿尔卑斯山、喜马拉雅山、落基山和安第斯山等现代山系相继形成。

晚第三纪——新近纪

生命的演化就是一个不断更迭的过程，经历了几次大灭绝之后，生物的种类开始空前繁荣，这是一个新时期的到来。在这一时期中，陆地变得更加"立体"了，动植物群落的发展开始走向现代化，这就是新近纪的景象。新近纪约始于2330万年前，结束于260万年前。新近纪是新生代的第二纪，曾经被叫作第三纪的一个亚纪。这一时期的生物界总体面貌已经与现代更为接近，是哺乳动物和被子植物高度发展的时代。新近纪的植物界，高等植物区系与现在几乎没差别，低等植物中的淡水硅藻较为常见。哺乳动物有了新的发展，主要的特征就是体型增大。

地质的变化

在新近纪时期，全球的海洋和陆地的轮廓已经与现今非常接近，从整体来看，海洋所占面积较大，陆地所占面积较小。新近纪也是山脉形成的重要时期，现在地球上海拔较高的山脉几乎都是这一时期形成的，如欧洲的阿尔卑斯山，亚洲的喜马拉雅山等。

新近纪生物的发展

这一时期的无脊椎动物中大量属种是现生的，早第三纪特有的货币虫已经完全灭绝。各种海洋中的原生动物，如有孔虫、放射虫等极为繁盛。哺乳动物中，出现长鼻目、肉食目、反刍动物和啮齿目、兔形目中的大量种属。

人类迅速发展——第四纪

我们现在所看到的山川平原、江河湖海、花草树木以及各种动物，都是生命演化的"最新形式"，这漫长的过程并没有结束，只是人们的智慧让世界万物变得更加多姿多彩。生命演化的最后一个时期，是从约260万年前开始的，一直持续到现在，这就是新生代中最新的一个纪——第四纪。第四纪分为更新世和全新世。这一时期的生物界已经进化到现代面貌，陆地和海洋也在这时分化和形成得更加明显。可以说，我们现在就生活在第四纪，每一天的变化都是生命演化的"实时更新"，我们无法预知生命演化的最终结果，也无法控制自然界的变化无常，但是我们要从自身做起，保护我们现在生活的环境，与自然和谐相处。

人类的出现

　　第四纪动植物已经发展得十分成熟，这时候重要角色出现了，那就是人类。距今200万年前，在东非的坦桑尼亚出现的能人，可能是早期的直立猿人，后来他们逐渐扩散到中国、爪哇，最著名的代表就是北京猿人和爪哇猿人。在更新世晚期，现代人类进入北美洲并逐渐向南迁移。而进入全新世后，现代人分布到除南极洲外的各个大陆。

生物的发展

　　第四纪生物与第二纪相比，在组成和分布上发生了明显的变化。哺乳动物几乎都是新生的种类，在欧洲及邻近的亚洲部分现生的119种哺乳动物中只有6种在上新世生存过。在第四纪冰川时期，随着大陆冰盖的扩展和移动，动植物也开始了迁移的"旅程"，开始广泛分布。

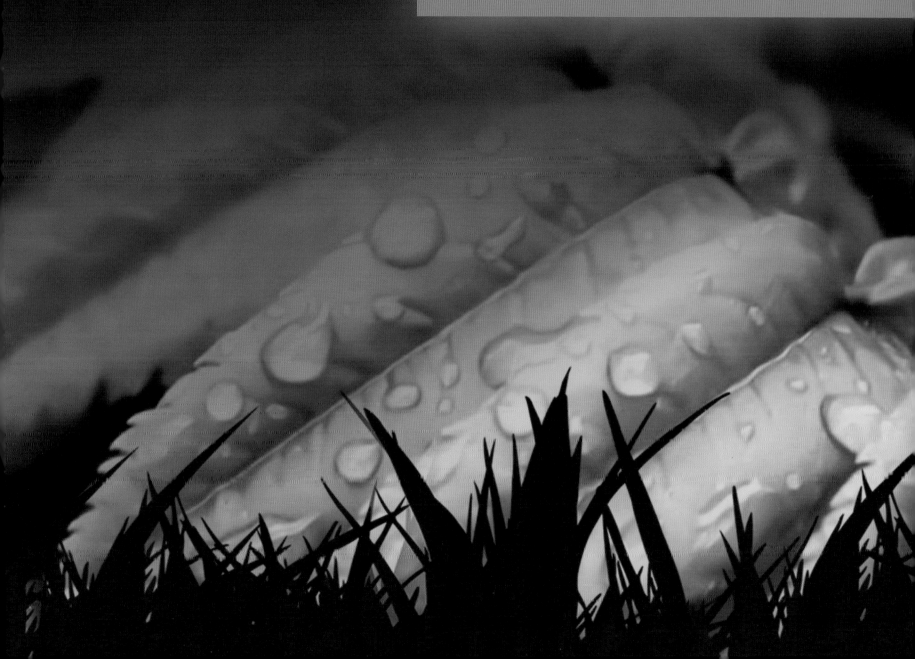

生物的种类
Shengwu De Zhonglei

单细胞生物

每一个生命的存在，都离不开细胞，细胞是生物体的基本结构和功能单位。不同的生物，其组成细胞也是不同的，而根据构成的细胞数目可以将它们分为单细胞生物和多细胞生物。单细胞生物顾名思义就是只由单个细胞组成，并且经常会聚集成为细胞集落。地球上第一个单细胞生物大约出现在距今35亿年前，它们在所有的动物界中属于最低等的原始动物，包括所有的古细菌和真菌以及很多种原生生物。单细胞生物主要分为有核单细胞生物和无核单细胞生物，有核的单细胞生物最典型的代表就是草履虫。而无核的单细胞生物，虽然又称无核细胞，但并不是没有核的细胞，而是一种存在的无核原生质团。

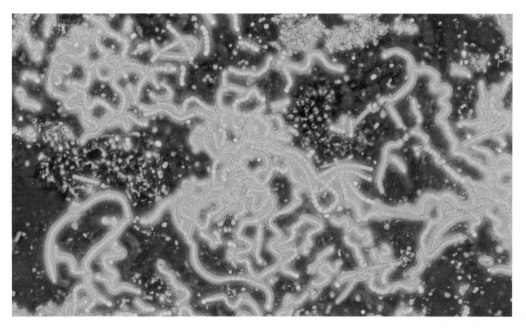

蓝细菌

蓝细菌是一种进化历史悠久、没有鞭毛的大型单细胞原核生物，它能进行光合作用并释放氧气。蓝细菌分布广泛，除了在各种水体、土壤中和各种生物体内之外，在岩石表面和一些恶劣的环境中也能找到它们。蓝细菌的发展使整个地球的大气从无氧状态发展到有氧状态，从而促进了所有喜氧生物的进化和发展。

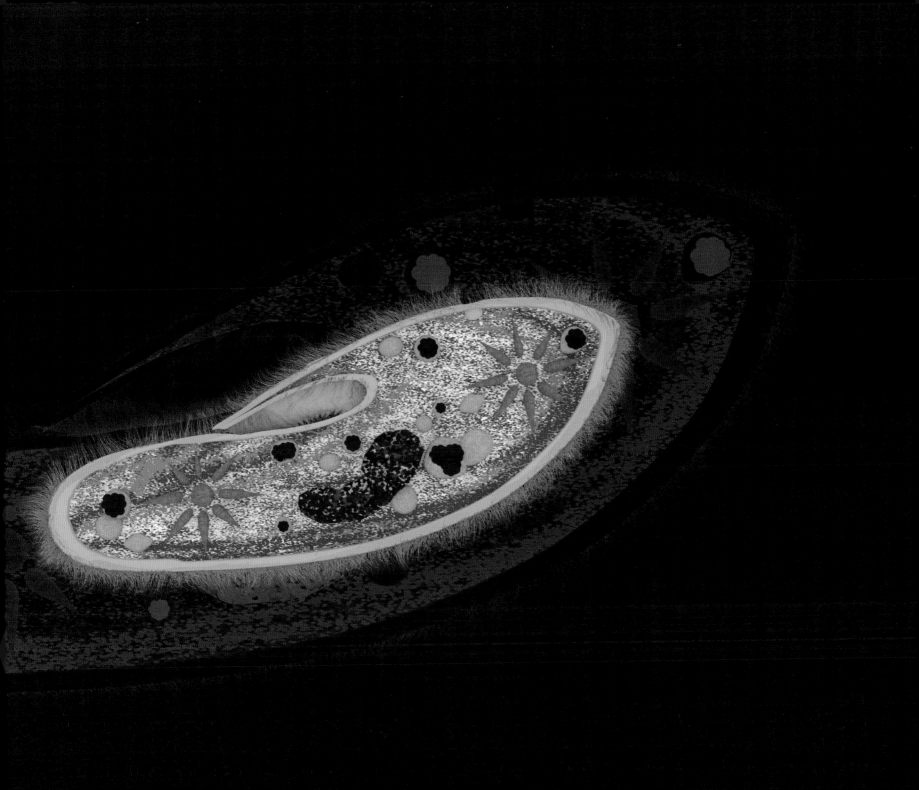

真菌

雨后的山林中，随处可见树下冒出一群大小不一的蘑菇，这些蘑菇形状不同，颜色也存在差异。蘑菇是生活中很常见的一种蔬菜，它属于真菌。还有一些大型真菌，如香菇、草菇、金针菇、木耳、银耳等，它们既是重要的蔬菜，又是食品和制药工业的重要资源。真菌是一种真核生物，目前已经发现了七万多种，大多数真菌原来被划入动物或植物之中，现在它们已经"自立门户"，自成一界。真菌和植物、动物、细菌最大的不同之处就是真菌的细胞中是以甲壳素为主要成分的细胞壁，而植物的细胞壁主要是由纤维素组成。

真菌的应用

真菌的种类繁多，用途广泛。例如，霉菌，又称"丝状菌"，常见的有毛霉、曲霉和青霉等，可以用作生产工业原料，也可以进行食品加工，还能制造抗生素和生产农药等。黄曲霉是半知菌类，可以用来生产淀粉酶、蛋白酶等，也是酿造工业中的常见菌种。白地菌常见于各种乳制品中，也用于泡菜和酱的制作。

真菌感染

真菌家族中，有些是人类的"朋友"，也有一些是"敌人"，对人类有致病性。除了新型的隐球菌和蕈菌外，在医学上有致病性的真菌几乎都是霉菌。根据真菌侵犯人体部位的差异，将致病真菌分为浅部真菌和深部真菌，其中浅部真菌侵犯皮肤、毛发和指甲等，而深部真菌能侵犯黏膜和内脏等深部组织。

植物

我们现在所看到的山川平原、江河湖海、花草树木以及各种动物，都是生命演化的"最新形式"，以其"派系"雄踞地球任意一方的植物大家族是生命演化的主要形态之一。植物的起源时间非常悠久，很久之前地球上已经有了单细胞的植物，也就是菌类与藻类，之后才逐渐演变成能自养的植物。植物的进化过程，基本上分为菌藻植物时代、裸蕨植物时代、蕨类植物时代、裸子植物时代、被子植物时代。在不同的生物分界系统中，植物的概念及其所包括的类群也不一样，如将生物分为植物和动物两界时，植物界包括藻类、菌类、地衣、苔藓、蕨类和种子植物。大多数的植物演化至今都能进行光合作用，它们是地球上"光的使者"。

植物的价值

植物虽然是"无声"的生命，但是它们的价值却不容忽视。植物可以成片种植以美化环境、调节温度，还能减少噪声，降低风速，防止水土流失。同时，植物还有食用价值，是人们获取营养的直接或间接的来源；植物还有药用价值、原料价值和观赏价值。

植物百态

你知道吗？在一些热带森林里面，经常可以看见参天巨树和奇花异草，甚至有些植物还会"凶猛"地攻击人类和动物。如果给植物们举办一场竞赛的话，一定会有很多"冠军"诞生。要比世界上最高的树，一定是澳洲的杏仁桉树夺冠，它们普遍都在100米以上，最高可达156米，有50层楼那么高。

软体动物与棘皮动物

海底是个炫丽缤纷的大世界，不仅有漂亮的水生植物的装点，更有美丽的海洋动物来往穿梭，构成一幅动静相宜的画卷。海底动物种类繁多，形态各异，有身长长达30米的鲸鱼，也有微小的单细胞原生动物，从海底到海面，生活着"各阶层"的海洋动物。其中，有一类海洋动物，它们身体柔软，有的还背着防御攻击的"大房子"，它们就是软体动物。软体动物是动物界中仅次于节肢动物的第二大门类，种类有十多万种，常见的有螺类、蚌类、乌贼、章鱼等。还有一类海洋动物，它们再生力很强，大多数都会"分身术"，这就是棘皮动物。虽然现存的棘皮动物种类只有6000多种，但它们的化石多达20000种以上，常见的棘皮动物有海星、海胆、海参等。

海星

要说棘皮动物中最具代表性的一类，那一定是海星。海星的身体扁平，外观看上去像一个"五角星"，体表有突出的棘、瘤等附属物。在海星的腕上密布四列管足，既能帮助它们灵活地捕食猎物，又能让它们坚固地攀附在岩礁上。海星类都是肉食性动物，它们可以取食各种无脊椎动物，特别是贝类、甲壳类、多毛类等。

章鱼

章鱼是软体动物大家族的代表，是头足纲中最大的一科。它们的体型是一个柔软的"囊"，头部有一双大的复眼，长有8条腕，又被称为"八爪鱼"。在章鱼的每条腕上，有1列或者2列大小不一的吸盘，能摄食大型的浮游生物。

节肢动物

在生活中，有一些常见的动物外观看上去差异很大，但是它们却是"一家人"，你能猜到是什么动物吗？它们就是节肢动物。节肢动物是动物界中最大的一门，这也就是说它们是世界上种类最多的动物，全世界目前已知现存的种类100多万种，占到了所有动物种类的80%。这个庞大的"家族"有自由生活的成员，也有寄生的成员，它们的生活环境囊括了水、陆、空。现在你是不是想"见识"一下这个家族的"成员"啦？其实，它们在生活中是极其常见的，包括虾、蟹、蜘蛛、蝗虫、蚂蚁、蚊、蝇等，甚至蝴蝶、飞蛾也是其中的一员。

生长与繁殖

节肢动物的繁殖方式多种多样，大多数节肢动物雌雄异体，最令人惊叹的是它们往往是雌雄异形，从外观上看，根本想象不到它们是"一家人"。节肢动物的陆生种类通常是体内受精，而大部分的水生种类则是体外受精，多为卵生，也有一部分是卵胎生。除两性生殖外，还有一些节肢动物的种类是孤雌生殖、幼体生殖和多胚生殖等形式。

外形特点

节肢动物的身体就像是大自然精雕细琢的"艺术品"，大都是呈两侧对称状，由一列体节构成，可分为头、胸、腹三部分。这三分部各有各的分工，头部是感知中心，同时也是取食的重要部位；胸部是支持和运动的"管家"；腹部是营养中心和繁殖重地。

119

鱼类

水中的世界总给人一种神秘而幽深的感觉，即使没有陆地上的莺歌燕舞、霓虹交错，却也不乏生机盎然、色彩斑斓。提到水里最有代表性的动物，那一定就是鱼类了。鱼类是最古老的脊椎动物，它们是一种终年生活在水里，用鳃呼吸，用鳍来辅助身体平衡与运动的变温动物。鱼类的生活区域几乎占据了整个地球上所有的水环境，从淡水的湖泊、河流到咸水的大海和大洋都能见到它们的身影。据学者统计，目前已知的现生鱼类共有24600余种。我国有4000余种，常见的鱼类如草鱼、鲢鱼、带鱼等。

名字的误区

世界上很多动物的名字都叫"鱼"，但并不属于鱼类，只有用鳃呼吸、以鳍游泳的水生脊椎动物才是鱼类。我们熟知的鲸鱼，它生活在水里，但却是世界上最大的哺乳动物。还有鳄鱼、章鱼、娃娃鱼、鲍鱼等都不属于鱼类。

多才多艺的鱼类

你一定想不到，在鱼类之中也有很多多才多艺的"高手"。例如电鳐，它们有着巧妙的猎食和御敌的方法，因为它们会发电。在电鳐头后部，左右各有一个圆形的"发电器"，这也是它们的武器，它们被称为"海底电击手"。

两栖动物

在历史演变的过程中，有一些动物原本生活在舒适的环境之中，但是环境逐渐改变，它们为了适应新的环境，于是改变了自身的一些结构或者特征。这就是古老的两栖动物，它们是最原始的脊椎动物，既有从鱼类那里继承下来的适应水生生活的性状，又发展了适应陆地生活的新性状。两栖动物幼体生活在水里，用鳃呼吸；长大以后则用肺兼皮肤呼吸，它们的一生不能长时间离开水，但也可以爬到陆地上活动，因为具有能两处生存的特征而被称为两栖动物。与世界上其他种类的动物相比，两栖动物的数量是比较少的，正式被确认的种类约有5000种。

两栖动物的独特之处

两栖动物之所以被单独归为一类，是因为它们有许多的独特之处。除了能在水陆双栖之外，通常它们都是卵生，变态发育，皮肤裸露，能分泌黏液，依赖于湿润的环境辅助呼吸。两栖动物是体外受精，体外发育，成长中的幼体是先长出后肢再长出前肢，同时，它们有脊椎。

生活习性

两栖动物的体形各异，主要包括青蛙、蟾蜍、蝾螈和鲵类等，它们的防御、扩散和迁移的能力较弱，对环境的依赖性大。虽然它们有各种皮肤保护色能做伪装，但相比于其他纲的脊椎动物种类仍然少了很多。两栖动物大多昼伏夜出，严寒酷暑时以冬眠或夏蛰的方式度过。

爬行动物

中生代时期，爬行动物极其繁盛，恐龙是爬行动物的代表，那一时期也被人们称为"恐龙的时代"。在约6500万年前，恐龙大灭绝，爬行动物也随之灭绝了许多种类。现生的爬行动物只是当时残余下来的一小部分，但依旧形态各异、丰富多彩。爬行动物是由石炭纪末期的古代两栖动物进化而来的，它们是真正适应陆地生活的变温脊椎动物，并由此产生出恒温的鸟类和哺乳动物。爬行动物不仅在外形上进一步适应了陆地生活，就连它们的繁殖也摆脱了水的束缚，与鸟类、哺乳动物共称为羊膜动物。度过了整个中生代又残存到新生代的爬行动物只有龟鳖类、鳄类和有鳞类，还有极少的一部分喙头类可以看作是爬行类的活化石。

外形特征

爬行动物的头骨全部骨化，外部覆盖有膜；颈部明显，头部能灵活地转动。除了蛇以外，爬行动物通常都有2对5趾突出的掌肢，少数掌肢是4趾突出。水生的爬行动物掌肢形状如船桨，趾、肢间有蹼相连，有利于游泳。爬行动物的四肢从体侧横出，不便直立，腹部长时间着地爬行，只有少数腿形轻盈的爬行动物能迅速疾行。

蛇

蛇也是爬行动物中的一员，虽然蛇没有四肢，但它符合爬行动物的特征。蛇爬行时采用的是典型的爬行方式，腹部着地，匍匐前进。它们的身体表面覆有鳞片或角质板，用肺呼吸，体温不恒定，随着外界的温度变化而变化，所以蛇要在冬天的时候冬眠。总之，爬行动物的特征蛇都符合，所以即使没有四肢，它也属于爬行动物。

鸟类

在春暖花开的季节，放眼望去是一片蔚蓝的晴空，偶尔会从你眼前划过几道影子，别怕，那是鸟儿的身影。鸟类的生活区域十分广泛，陆地上、树梢上、水面上、天空中都经常能看到它们的身影。鸟类是脊椎动物亚门的一纲，它们最大的特征就是全身覆盖着羽毛，前肢成翼，多飞翔生活。鸟类是卵生的恒温动物，胚胎外有羊膜，它们的呼吸器官除肺以外还有辅助呼吸的气囊。地球上的鸟类一共分为六大类，分别是游禽、涉禽、攀禽、走禽、鸣禽和猛禽，这六类统称为鸟类的六大生态类群。目前全世界已发现的鸟类约有9021种，我国约有1300种。你知道吗，我们常见的鸡、鸭、鹅也属于鸟类，它们也是会飞的动物，只不过它们并不像其他鸟类能飞得那么高。

鸟类的翅膀

鸟的翅膀是它们飞行的"利器"，而翅膀的形状是由羽毛决定的，随着翅膀扇动，其下方的空气形成了阻力，由于飞行羽毛羽片的大小不同，翅膀两边的阻力也不同。

127

哺乳动物

　　动物界物种中，分布最广泛的一类就是哺乳动物。哺乳动物体温恒定，是脊椎动物中身体结构和功能行为最为复杂的最高级动物类群，因为它们能通过乳腺分泌乳汁来给幼体哺乳而得名。哺乳动物在世界各地均有分布，分为草食、肉食和杂食三种类型。哺乳动物有着高度发达的神经系统和感官，能协调复杂的机能活动和适应多变的环境条件，体温较高而且恒定，对环境的依赖性并不大。大多数哺乳动物都具有快速运动的能力，在多种环境中都能适应并生存。

哺乳动物的特征

　　哺乳动物的身体结构复杂，和其他类群动物的大脑结构、恒温系统及循环系统都有区别。它们大多数属于胎生、具有毛囊和汗腺。哺乳动物的外形多样，最小的是体长只有30毫米且带有翅膀的凹脸蝠，最大的是体长可达33米的蓝鲸。

人类

在生活中我们每天都要与其他人接触，人与人的接触，可能是面对面的交流，可能是书本文字的表达，也可能是信息媒体的传递。我们的生活离不开人的智慧和创造，从林立的高楼大厦到穿行的车辆，从生活必备的服装鞋帽到各具特色的美食小吃，可以说我们身边的每一样事物，都是人类智慧的结晶。在生物学上人的学名是"智人"，与黑猩猩、大猩猩、长臂猿等同属于人科的灵长目动物。但是，人类与其他灵长目动物存在着区别，主要体现在人类有直立的身体、高度发达的大脑，以及超强的推理能力和语言能力。

人类之间的交流"工具"

语言是人类交流交往的重要工具，也是人类最主要的表达方式。动物之间也有特定的交流方式，很多动物也可以发出声音，但是，动物之间的"语言"相比人类的语言则单调了许多。人类的语言因地域和人种的不同而有差异，在同一地域的人也有不同的交流语言。如我国的官方语言是汉语，而在我国不同的省市还有地域方言。

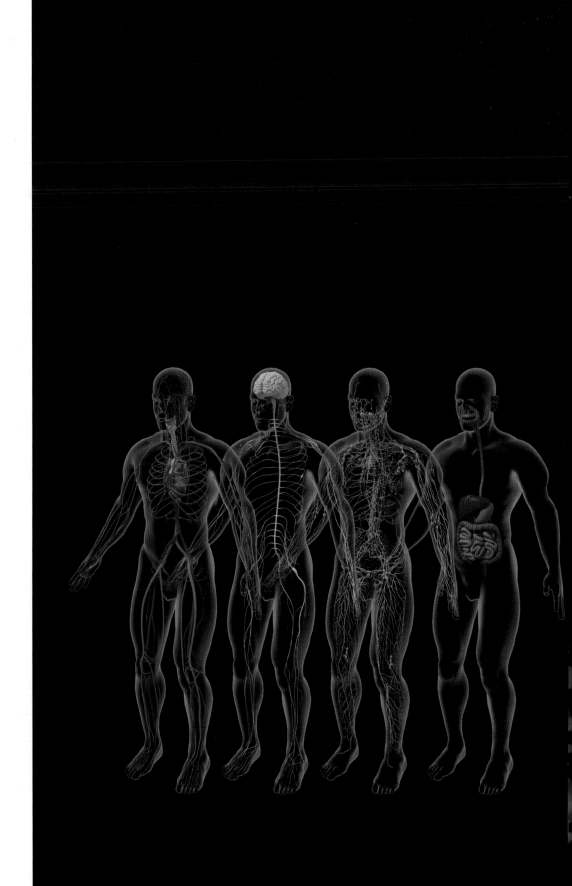

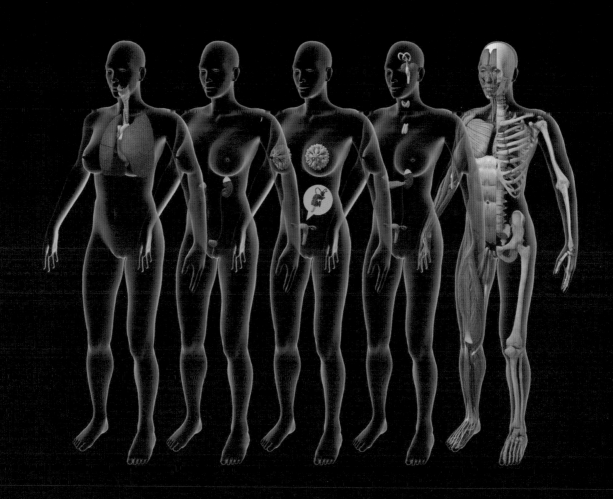

图书在版编目（CIP）数据

地球 / 赵冬瑶，韩雨江，李宏蕾主编 . -- 长春：
吉林科学技术出版社，2024.6. —（科普图鉴系列）.
ISBN 978-7-5744-1411-2

Ⅰ. P183-49

中国国家版本馆 CIP 数据核字第 2024WJ2609 号

科普图鉴系列　地球

KEPU TUJIAN XILIE DIQIU

主　　编	赵冬瑶　韩雨江　李宏蕾
出 版 人	宛　霞
策划编辑	朱　萌
责任编辑	丁　硕
制　　版	长春美印图文设计有限公司
封面设计	长春美印图文设计有限公司
幅面尺寸	260 mm×250 mm
开　　本	12
印　　张	11
字　　数	150千字
印　　数	1-6 000册
版　　次	2024年6月第1版
印　　次	2024年6月第1次印刷

出　　版	吉林科学技术出版社
发　　行	吉林科学技术出版社
地　　址	长春市福祉大路5788号
邮　　编	130118
发行部电话 / 传真	0431-81629529　81629530　81629531
	81629532　81629533　81629534
储运部电话	0431-86059116
编辑部电话	0431-81629518
印　　刷	长春百花彩印有限公司

书　　号	ISBN 978-7-5744-1411-2
定　　价	49.00元